BEI GRIN MACHT SICH IHR WISSEN BEZAHLT

- Wir veröffentlichen Ihre Hausarbeit,
  Bachelor- und Masterarbeit

- Ihr eigenes eBook und Buch -
  weltweit in allen wichtigen Shops

- Verdienen Sie an jedem Verkauf

Jetzt bei www.GRIN.com hochladen
und kostenlos publizieren

Bibliografische Information der Deutschen Nationalbibliothek:

Die Deutsche Bibliothek verzeichnet diese Publikation in der Deutschen National-
bibliografie; detaillierte bibliografische Daten sind im Internet über http://dnb.d-
nb.de/ abrufbar.

Impressum:

Copyright © 2009 GRIN Verlag, Open Publishing GmbH
Druck und Bindung: Books on Demand GmbH, Norderstedt Germany
ISBN: 9783640522330

Dieses Buch bei GRIN:

http://www.grin.com/de/e-book/142455/ueberblick-zur-entwicklung-des-waffen-
handwerkes-im-thueringer-wald

Wolfgang Piersig

Überblick zur Entwicklung des Waffenhandwerkes im Thüringer Wald

Beitrag zur Technikgeschichte (10)

GRIN Verlag

Überblick zur Entwicklung des Waffenhandwerks im Thüringer Wald.

.

Beitrag zur Technikgeschichte (10).

Dr.-Ing. Wolfgang Piersig

.

Berg- und Adam-Ries-Stadt Annaberg-Buchholz im Dezember 2009

—

Geburtsstadt von Emil Heyn.

Inhaltsverzeichnis.

Vorwort.

Im Mittelpunkt dieses Buches steht der Überblick zur Entwicklung des Waffenhandwerks im Thüringer Wald, wo in den Büchsenmacherwerkstätten Thüringens weit über 650 Jahre Gewehre fein bearbeitet und montiert werden. Bis in die zweite Hälfte des 19. Jahrhunderts geschah das ausschließlich in handwerklicher Tätigkeit, die stark spezialisiert war. Auch heutzutage ist dies fast noch so, nämlich da gibt es den Gewehrschäfter, den Laufschlosser, den Jagdwaffenmechaniker, den Jagdwaffengraveur und den Brünnierer.

Zu erfahren ist ebenso, daß die Produktionsstandorte der Metallverarbeitung im allgemeinen und der Waffenproduktion im besonderen in der Zeit des Dreißigjährigen Krieges und danach von mindestens folgenden Voraussetzungen bestimmt waren, die alle an einem Ort beziehungsweise in einem eng begrenzten Territorium zu Verfügung stehen mussten, nämlich:

Bergwerke, aus denen das Erz gefördert wurde; Holz, Holzkohle bzw. Stein- oder Braunkohle für die Schmelzöfen, mit deren Hilfe das Metall aus dem Erz erschmelzbar wurde; Wasserkraft, mit deren Hilfe die Schmieden und Maschinen angetrieben werden konnten, die den Stahl in die gewünschte Form brachten; Meister sowie Fachkräfte, die über genügend Erfahrung verfügen mussten, um die Produktion in ausreichender Qualität zu garantieren; wie auch eine ausgebaute Infrastruktur, wie Wasserwege oder gut befestigte Landstraßen, auf denen die Produkte sicher an den Empfänger transportiert werden konnten.

Vermittelt wird dem Leser daneben auch, daß diese Voraussetzungen sich in hervorragender Weise im Thüringer Wald fanden, und, daß die Orientierung auf Tradition zu einer Dominanz der Thüringer Waffenproduktion führte, wobei die Suhler Büchsenmacher und die Meister aus Schmalkalden, Zella-Mehlis, Schleusingen und Ilmenau zu den wichtigsten Waffenschmieden im Thüringischen zählten.

Genannt werden in der vorliegenden Veröffentlichung auch, daß aufgrund der langen Tradition der Waffenherstellung sich die Stadt Suhl seit dem Jahre 2005 offiziell als „Waffenstadt Suhl" bezeichnet und diese Stadt sowie Thüringen insgesamt über die Jahrhunderte eine vom Bergbau Region, mit hennebergischen Erscheinungsbild war.

Und demjenigen, der erfahren möchte, unter welchen Bedingungen weit über sechs Jahrhunderte im Thüringischen im Waffenhandwerk gearbeitet worden, wird benannt, daß diese Einblicke im Waffenmuseum Suhl möglich sind. Und auch das, daß dieses seit dem Jahre 2008 eine völlig neu gestaltete Ausstellung besitzt, die außerdem mit ihren zahlreichen Prunk-, Jagd-, Sport- und Militärwaffen einen Überblick über die Geschichte des wichtigsten Handwerks der Stadt erlaubt.

Überblick zur Entwicklung des Waffenhandwerks im Thüringer Wald [1].

Die Entstehung des Thüringer Waffenhandwerks, insbesondere der Suhler Handfeuerwaffen wie auch Jagdwaffen, ist im engsten mit der Stadt Suhl verbunden. Aufgrund der langen Tradition der Waffenherstellung bezeichnet sich die Stadt seit 2005 offiziell auch als „Waffenstadt Suhl".

Bodenfunde auf diesem Gebiet der heutigen Stadt Suhl belegen den Aufenthalt von Menschen schon um 2000 v. u. Z. Und etwa 500 v. u. Z. wurden dann mit der Einwanderung keltischer Volksstämme im Suhler Raum die Menschen sesshaft.

Angenommen wird, daß der Ort Suhl selbst seinen Ursprung in einem einzelnen Hof in der Gegend der Hauptkirche, am Rimbach gelegen, hat, bei dem mit großer Wahrscheinlichkeit im 12. Jahrhundert Salzquellen und Eisenerz entdeckt worden waren. Diese Entdeckungen veranlassten den damaligen Grafen Poppo von Henneberg (Ende 12. Jahrhundert bis 1245) vom Kaiser Friedrich II. (1194-1250) im Jahre 1216 sich mit den Regalien über die Salz- und Bergwerke belehnen zu lassen.

Beide Funde gaben Anlass, daß die Menschen sich dahin angezogen fühlten, wodurch der Hof bald zum Dorfe anwuchs. Dies geschah umso mehr, als der Eisenbergbau im Suhler Raum zur bestimmenden Erwerbsgrundlage wurde. Unterlagen des Klosters Fulda nennen zwischen 900 und 1155 wiederholt einen Ort „Sulaha".

So ist es auch erklärlich, daß, als der Ort Sula erstmalig 1318 in einer Lehnurkunde genannt wurde, bereits eine ansehnliche Besiedlung war. Weiterhin sind Berichte von Verhandlungen am Berggericht zu Suhl überliefert, die bereits aus den Jahren 1474 stammen. Stadtrechte und Statuten erhielt Suhl 1527 bestätigt durch die gefürsteten Grafen von Henneberg-Schleusingen, die bereits zuvor schon bestanden haben sollen.

Ab 1553 wird Suhl auch als Bergstadt bezeichnet, was der Stadt Rechte und Pflichten als Sitz der Bergverwaltung und der Berggerichtsbarkeit zubilligte.

Bevor die Schmiede des Thüringer Waldes begannen Handfeuerwaffen zu fertigen, stellten sie auch Schwerter, Sicheln und Wagen her. Besonders bekannt geworden sind die Schmalkalder Schwertschmiede. Sie haben schon im 14. Jahrhundert die Grafen von Henneberg mit Schweißdamastschwertern versorgt.

In Schmalkalden wurden auch nach dem 11. Jahrhundert Schwerter aus Stahl hergestellt, der durch „Gärben" – ein mehrfaches Verschweißen und Wiederausschmieden von Stangen – gefertigt wurde. Seit jener Zeit ging dann die schwierigere Damaszierungstechnik zurück. Die Kunst der Klingenschmiede war auch im Thüringischen hoch angesehen und galt als Geheimnis. Um dies zu wahren, mussten die Zunftgenossen des Schwert-, Schmiede-, Härter- und Schleiferhandwerkes den Verbleibungseid leisten. Sie durften das Land nicht verlassen und das Geheimnis nur an die eigenen Söhne weitergeben.

[1] Piersig, W.: Überblick zur Entwicklung des Waffenhandwerks im Thüringer Wald, Fertigungstechnik und Betrieb 40 (1990), H. 12, S. 758/759.

Die Grundlage für die Waffenherstellung, das Eisenerz, wurde im Thüringischen schon im Jahre 1111 abgebaut. Um 1350 arbeiteten in Suhl bereits zwei Eisenhämmer. Es sind der Niederhammer und der Lauterhammer. Diese zwei ältesten Eisenhämmer Suhls werden auch in den Jahren 1363 und 1365 genannt. In diesem Gebiet wurden auch mit die ersten nachweisbaren Stücköfen Deutschlands errichtet. Damit wird eine vorangehende Tradition des Eisenerzbergbaus belegt, die bis um Mitte des 13. Jahrhunderts zurückreicht.

Das am Stahlberg bei Schmalkalden abgebaute Eisenerz war reich an Mangan. Der aus ihm erzeugte „Schmalkaldische Stahl" war für seine gute Qualität bekannt. Dieser gute Ruf rührte möglicherweise von einem höheren Mangangehalt der Erzbasis und ist deshalb als „naturlegierter" Manganstahl anzusehen. Mit aus diesem Stahl gefertigten Panzern und Schwertern wurden im 15. Jahrhundert die fränkischen Ritter versorgt.

Die Bewaffnung der Bürgerschaft der aufblühenden Städte und die Bildung stehender Heere führten im 16. Jahrhundert zu einer sprunghaften Erhöhung des Bedarfs an Gewehren. Von den in den großen Städten, Nürnberg, Augsburg und Frankfurt am Main beheimateten Büchsenschmieden konnte die Forderung nach massenhafter Bewaffnung nicht mehr bewältigt werden.

Der Bedarf erzwang den Übergang von der handwerksmäßigen Einzelfertigung zur manufakturmäßigen arbeitsteiligen Produktion genauso wie die zunehmende Kompliziertheit der Gewehre, die Verringerung ihrer Masse und die Senkung der Herstellungskosten.

Durch den Einsatz von Wasserhämmern zum Schmieden der Rohre wurde die Handarbeit abgelöst. Diese Umstände führten zur Verlagerung des Gewerbes der Büchsenmacher aus den teuren Städten in Gegenden, wo gutes Eisen, Holzkohle, Wasserkraft und billige Arbeitskräfte verfügbar waren. Solche Randbedingungen waren in der Grafschaft Henneberg, im Raum Suhl, Zella und Schmalkalden in nahezu idealer Weise erfüllt.

Die einheimischen Waffenschmiede wurden 1535 durch die Übersiedlung eines Büchsenschmiedes aus Nürnberg verstärkt, sechs weitere kamen bis 1553 hinzu, die ihr Handwerk als „freie Kunst" betrieben. Sie beschäftigten 17 Knechte und verarbeiteten in einer Woche zwanzig Zentner Eisen zu 526 Büchsenrohren.

In der Folgezeit kam es 1555 zu der Gründung der Innung der Rohr- und Büchsenschmiede und 1563 erteilt Graf Georg Ernst zu Henneberg den „Schlössern, Büchsenmachern, Sporern und Windenmachern" Innungsprivilegien mit Sitz in Suhl.

Sechs Hämmer, von denen fünf innerhalb der Stadt lagen, der Lautererhammer, der Steinauhammer, der Lauwellerhammer, der Mühlwiesenhammer, Auehammer, und einer außerhalb von Suhl lag, der Möbendorferhammer, die um 1570 6.700 Zentner (bzw. 335 Tonnen) erzeugten, versorgten zehn Büchsenschmieden und elf Kleinschmieden, von denen 28 Schlossereien, vier Laufschmieden und sieben Bohrwerkstätten abhängig waren. Ende des 16. Jahrhunderts werden jährlich sogar über 20.000 Gewehrrohre hergestellt.

Somit gehörte Suhl mit zu den ersten deutschen Zentren der Waffenherstellung wie Nürnberg, Essen, Potsdam, Olbernhau, Annaberg und Olberndorf. Es konnte sich schon im 16. Jahrhundert mit den ausländischen Städten der Handfeuerwaffenherstellung wie Drescia, Pistoja, Mailand und Florenz (Italien), Amsterdam, Rotterdam, Maastricht und Utrecht

(Niederlanden), Moskau und Tula (Rußland), Paris, später auch Saint Etienne, Charleville, Marseilles und Mutzig (Frankreis), Lüttich (Belgien), Birmingham (England) sowie Ferlach, Wien und Steyer (Österreich) gut messen.

Die Gewehrfabrikation in Suhl, Zella und den umliegenden Orten nahm in der zweiten Hälfte des 16. Jahrhunderts einen solchen Aufschwung, daß das Gebiet bis zum Jahre 1634 ein „Zeughaus, Rüst- und Waffenkammer für Deutschland und Europa" genannt wurde. Suhler Großhändler belieferten Freund und Feind mit Waffen. 2.000 Feuergewehre und 500 Präzisionsmusketen lieferten 1586 Valentin und Stephan Klett sowie Claus Reitz auf einmal in die Schweiz und 1600 lieferte Simon Store 6.000 Rohre an den dänischen König. Selbst bis zum Erbfeind, den Türken, fanden Suhler Rohre ihren Weg.

Zur Einhaltung einer bestimmten Qualität der Rohre bzw. Läufe von Gewehren wurden frühzeitig Qualitätsprüfungen festgelegt. Wurde diese bestanden, dann erhielt das Rohr bzw. der Lauf eine „Beschaumarke" eingeschlagen. Auskunft dazu gibt die „Beschuss- und Schauordnung" für die Meister des Büchsenmacherhandwerks von Sula (Suhl) aus dem Jahre 1564, wonach festgelegt ist, daß alle über eine Elle langen Rohre „allewegen zweyer Schießkügeln schwer, zu zweyen mahlen, geladen und beschossen werden".

Der 1596 bestätigte „Receß über die Rohrschmiede, Büchsenschmiede und Schäfterhandwerk" legte für den „Beschau" folgendes fest: „Sollen die Schaw und Beschießmeister Die bishero gewöhnlichen Zeichen, Nemlich Drey buchstaben SVL beneben einer Hennen drauff Schlagen und Solcher gestalt Die Röhr vor Suhler und Kauffmannswahr wahr bekrefftigen".

Auch gegenwärtig besteht in Suhl ein „Beschußamt". In ihm wird heutzutage jede Suhler Sport- und Jagdwaffe durch Beschuss mit doppelter Treibladung auf die Qualität geprüft. Nach Standhalten wird auch heute erst das Prüfzeichen eingeschlagen.

Da früher die einzelnen Meister in der Regel trotz aller Selbständigkeit, den strengen Zunftgesetzen unterlagen, schlugen sie zur Wahrung ihrer Rechte ihre jeweils persönlichen Signaturen oder Meistermarken ein. Diese Marken waren in den Zunftbüchern vermerkt, neue mussten beantragt, alte konnten verkauft oder vererbt werden.

Unter Zunftbedingungen wurde auch fixiert, Meister sollte bzw. konnte nur werden, wenn „er habe denn das Handwerk wirklich erlernt und seine Geschicklichkeit in der Arbeit sehen lassen".

Für die Suhler Zunft war neben dem Nachweis einer drei- bis vierjährigen Wanderschaft die dreimalige, quartalsweise „Muhung" Voraussetzung für den Erwerb des Rechts, Meister genannt zu werden.

Für das Jahr 1590 ist der erste große Stadtbrand bezeugt und am 16. Oktober 1634 brannten die kaiserlichen Kroaten unter Graf Johann Ludwig Hektor von Isolano die Stadt Suhl und die Eisenhämmer nieder, wobei der Zerstörung nur der Eisenhammer des Valentin Klett auf der Mühlwiese mit Rohrschmiede, Bohr- und Schleifmühle nebst Wohnhaus stand hielten. Danach wurde die Stadt noch mehrfach von den Schweden heimgesucht.

Suhls industrielle Blüte der Eisen- und Waffenprodukt geriet in eine Krise und nahm dadurch ein jähes Ende. Der Bergbau konnte sich seitdem nicht wieder erholen. Deshalb bemühte sich in den 1690er Jahren Herzog Moritz Wilhelm von Sachsen-Zeitz (denn nach dem Tod von Georg Ernst von Henneberg im Jahre 1583 fiel die Stadt als gemeinschaftlicher Besitz an die sächsischen Wettiner und 1660 wurde Suhl nach dem sächsischen Teilungsvertrag albertinisch und fiel als Sitz des Amtes Suhl an das Herzogtum Sachsen-Zeitz) um die Belebung des Bergbaus.

Erst in der zweiten Hälfte des 17. Jahrhunderts blühte die Gewehrfabrikation wieder auf. Obwohl die größeren europäischen Staaten nach dem „Dreißigjährigen Krieg" (1618 bis 1648) eigene Gewehrfabriken gründeten, erlangten die Suhler Waffen durch ihre gute Qualität wieder schnell Weltruf und sichere Absatzmärkte.

Erreicht wurde dies neben dem handwerklichen Geschick der Schmiede vor allem durch die gute Qualität des Eisens, das im Gebiet von Suhl produziert wurde. Das Suhler Eisen zeichnete sich durch eine besondere Zähigkeit aus. Hatten andere deutsche bzw. ausländische Gewehrfabrikanten beim Probeschießen zwanzig Stück vom Hundert einen Sprung, so waren es bei Suhler Gewehren nur ein Prozent.

Nach einem Gutachten von J. M. Piräus, Fürstlich Sächsischer Bergdirektor, wurde ein Entwurf erarbeitet, in dessen Folge ein Hochofen in Suhl errichtet und zahlreiche Bergwerke wieder oder neu aufgenommen wurden – teils mit modernster Bergtechnik der damaligen Zeit, wie beispielsweise einer Wasserkunst im Jahre 1696 am Schacht Moritz Wilhelm.

Nach einem halben Jahrhundert, also 1746, liegt der Bergbau erneut völlig danieder, so daß die Gewehrfabrik wegen Mangels an Eisenerz in ihrer Existenz bedroht ist. Die einführbaren Erze aus Schmalkalden oder Saalfeld waren entweder zu minderwertig oder zu teuer. In der Hochburg Suhl wurden damals nur noch zwei Bergwerke betrieben, nämlich „Segen Gottes" und der Rote Crux.

Selbst Johann Wolfgang von Goethe suchte im Jahre 1780 gemeinsam mit dem Geologen und Bergrat Johann Karl Wilhelm Voigt für die Wiederbelebung des Bergbaus in Ilmenau Anregung in den Suhl-Goldlauterer Bergwerken.

In der Mitte des 18. Jahrhunderts hatten die Suhler Hämmer eine Jahreskapazität von 4.500 Zentnern, die in elf ganzen und zweiundzwanzig halben Rohrschmieden verarbeitet wurden.

1803, 1804 und 1805 lieferten die Suhler Fabrikeisenhämmer 7.649 Zentner, 87 Pfund Eisen und 3.582 Tragwerke oder 64.476 Stück Rohre wurden geschmiedet. Im Jahre 1804 wurden im Einzelnen gefertigt und versendet: 13.700 Militärflinten mit Bajonett, 1,700 Seeflinten ohne Bajonett, 62 Kugelbüchsen, 87 Doppelflinten, 260 einfache Jagdflinten, 30 Pistolen, 663 bloße Rohre, 488 bloße Schlosse.

Nach den nationalen Unabhängigkeitkriegen ging da die Produktion von Militärgewehren stark zurück. Durch die Herstellung qualitativ hochwertiger Jagdwaffen behaupteten sich die Suhler Waffenhandwerker auf dem Markt. Und es entstand dort eines der größten Fertigungszentren von Jagdbüchsen und mit der schnellen Entwicklung der industriellen Revolution in der Mitte des 19. Jahrhunderts auch wieder die Waffenindustrie. Im Zuge dieses Prozesses wurde die Handarbeit durch Maschinenarbeit ersetzt.

Durch die großen Rüstungsaufträge für den Karabiner K 88 erfuhr die Suhler Waffenindustrie von 1888 bis 1893 ihren größten Aufschwung. Sowohl der „Erste Weltkrieg" (1914 bis 1918) als auch der „Zweite Weltkrieg" (1939 bis 1945) brachten wiederum den Waffenproduzenten viele Aufträge. So wurde ab 1939 in und um Suhl die gesamte Industrie vollständig auf Waffen und Kriegsproduktion umgestellt. Hergestellt wurden in hohen Stückzahlen Maschinenpistolen und Maschinengewehre sowie auch Messleiteinrichtungen für die V-Waffen-Produktion.

Erwähnenswert ist außerdem, daß vor dem Zweiten Weltkrieg vor allem die Waffen-, Fahrzeug- und Werkzeugfirmen J. P. Sauer & Sohn (gegründet 1751), Simson-Werke (gegründet 1856), Remo Gewehrfabrik Gebr. Rempt Suhl (aktiv ab 1865 bis 1941), C. G. Haenel Waffen- und Fahrradfabrik Suhl (gegründet 1840), Heinrich Krieghoff Suhl (gegründet 1886), Fritz Kiess & Co. Suhl, Firma Luch & Wagner Suhl, Walter Steiner Rohr-Eisenkonstruktionen Suhl, Selve-Kornbiegel-Dornheim AG Suhl, Metallfabrik Wilhelm Kober, Messwerkzeugfabrik Friedrich Keilpart und Co. (gegründet 1878) Waffenfabrik Gebrüder Merkel Suhl (gegründet 1898) und die Waffenfabriken Carl Walter GmbH (gegründet 1886) sowie J. G. Anschütz Zella-Mehlis (gegründet 1856), aber auch das Unternehmen Reitz & Recknagel im Suhler Ortsteil Albrechts (gegründet 1867) genossen.

Auch 1945, als das Land zerstört, die Wirtschaft, der Handel und Verkehr am Boden lag und das Volk Hunger und Not litt, vergab die „Sowjetische Militäradministration" die ersten Aufträge und sorgte für den Wiederbeginn der Produktion. Noch im selben Jahr wurden 1593 Jagdwaffen in die Sowjetunion geliefert. Die wichtigsten Experten, Konstrukteure und Facharbeiter, der MP18 und dem Sturmgewehr, waren 1946 noch in sowjetischer Gefangenschaft. Im Jahre 1947 folgte dann noch die Sprengung der wichtigsten Rüstungsbetriebe, wobei die meisten Anlagen zuvor als Reparation in die Sowjetunion deportiert wurden.

Um 1950 bzw. kurz danach muß eine Wiederbelebung in die Waffenproduktion gekommen sein. Leider war dabei nur ermittelbar, daß mit der Aufnahme der Motorradproduktion, vom Modell AWO 425, in den Simson-Werken Suhl die Fahrzeugherstellung 1950 eine Wiederbelebung erfährt. Produziert wurde zunächst als SMAD-Betrieb unter sowjetischer Führung. Und, ab 1952 kommt es zu einer Firmierung als Fahrzeug- und Gerätewerk Simson Suhl sowie ab 1968 als Fahrzeug- und Jagdwaffenwerk „Ernst Thälmann" und danach zur Zuordnung zum späteren IFA-Kombinat. In der Waffenproduktion wurden Jagdwaffen, Sport- und Luftgewehre, aber auch in größeren Stückzahlen Kalaschnikow gefertigt.

Die handwerkliche Waffenproduktion erreichte mit der Gründung der Produktionsgenossenschaft für Büchsenmacher im Jahre 1959 einen Aufschwung. Dies führte dazu, daß die Jagdwaffen aus dem 1970 aus den Suhler Jagdwaffen-, Fahrzeug- und Geräteherstellern entstandenen VEB Fahrzeug- und Jagdwaffenwerk einen Weltruf als Spitzenerzeugnisse, die höchsten Qualitätsansprüchen genügen.

Damit vornehmlich die Traditionen der Waffenfertigung, speziell ihrer Dekoration mittel schmiedetechnischer handwerklicher Technologien, nicht verloren gehen, eröffnete 1992 in Suhl eine Berufsfachschule für Büchsenmacher. Es ist die Einzigste Schule dieser Art in Deutschland, und seit dem Jahr 1998 erfolgt in ihr auch die Ausbildung von Graveuren für die Verzierung von auserwählten Waffen wie auch die für alle Waffen erforderlichen technischen und qualitativen Markierungen, die mit Hand oder maschinell vorgenommen werden müssen.

Suhler Waffen, die seit dem 16. Jahrhundert in vielen Ländern Europas gehandelt wurden, haben heute ihren Platz in Museen und Sammlungen in Prag, Warschau, Moskau, Leningrad, London, Zürich, Paris, Stockholm, aber auch in Dresden – insbesondere in Suhl - gefunden.

Das Waffenmuseum zu Suhl, das die Geschichte der Handfeuerwaffen vom 14. Jahrhundert bis zur Gegenwart, speziell aber das seit mehr als 700 Jahren in Suhl und Umgebung gepflegte Waffenhandwerk dargestellt, ist in dem im Jahre 1663, im thüringisch-fränkischen Fachwerkstil errichteten „Malzhaus am Herrenteich" untergebracht.

Im Museum gibt es folgende Ausstellungsbereiche - im Erdgeschoß: die Spur des Eisens; im Obergeschoß: Rüstkammer Dresden; Welt der Waffe; Ritter, Tod und Teufel; Faszination Sportschießen bis 1945; Zauber der Jagd; Einführung der Suhler Waffentechnik; im Dachgeschoß: die Sonderausstellung Heimat der Büchsenmacher.

Es ist das einzige Spezialmuseum seiner Art in Europa, und es bietet auf seinem Rundgang über zwei Etagen einen einzigartigen Einblick in die Waffengeschichte aus sieben Jahrhunderten, von der Karrenbüchse bis zur Bock-Büchsflinte. Des Weiteren kontrastieren seltene alte Jagd- und Sportwaffen mit ihren High-Tech-Nachfahren. Außerdem sind Militärwaffen von der Radschlosspistole der Kavallerie aus dem Dreißigjährigen Krieg bis zum Sturmgewehr unserer Tage ausgestellt.

Ausgesprochene Raritäten wie ein achtzehnschüssiger Lefoucher-Revolver, eine als Spazierstock getarnte Stockflinte oder eine Damen-Tschinke zur Kaninchenjagd aus dem 17. Jahrhundert runden den Gang auch durch die Kuriositätsecke der Waffengeschichte ab. Insgesamt werden 148 Gewehre und 59 Pistolen im Suhler Waffenmuseum präsentiert.

Neben der großen Auswahl gezeigter Handfeuerwaffen werden dem Besucher auch sehr plastisch die entwicklungsgeschichtlichen Neuerungen im Bergbau, Verbesserungen in der Metallgewinnung sowie Metallbe- und Metallverarbeitung nahe gebracht. Erkennbar wird dem Betrachter auch, daß sowohl dadurch als auch durch das Bekanntwerden des Schießpulvers bereits im 14. Jahrhundert die technischen Voraussetzungen für die später so aufblühende Herstellung von Handfeuerwaffen im Thüringischen gelegt wurden.

Jeder Museumsgast erkennt aus zwei detailgetreu eingerichteten Schauwerkstätten im Erdgeschoß, daß die Gewinnung von Eisen und die Beherrschung der Schmiedetechnik die wichtigsten Voraussetzungen für die Herstellung von Handfeuerwaffen waren. Sie informieren den Besucher des Weiteren in der Schmiedewerkstatt über die Arbeitsweise der Rohrschmiede des 18. Jahrhunderts sowie in der Büchsenmacherwerkstatt eines Büchsenmachers um 1900, welche handwerklichen Fertigkeiten erforderlich waren, um zu einer Handfeuerwaffe zu kommen.

[1] Piersig, W.: Überblick zur Entwicklung des Waffenhandwerks im Thüringer Wald, Fertigungstechnik und Betrieb 40 (1990), H. 12, S. 758/759.

- 9 -

Literatur.

[1] Piersig, W.: Überblick zur Entwicklung des Waffenhandwerks im Thüringer Wald, Fertigungstechnik und Betrieb 40 (1990), H. 12, S. 758/759.

[2] Anschütz, H.: Die Gewehrfabrik zu Suhl, Dresden: Arnoldsche Buchhandlung 1811.

[3] Anschütz, H.: Die Gewehrfabrik in Suhl 1811, ergänzt durch Beiträge zur Geschichte der Stadt Suhl vom Anfang des 19. Jahrhunderts, Leipzig: Zentralantiquariat der DDR, Reprint der Originalausgabe von 1811, 1986.

[4] Findeis, J.: Land und Leute im preußischen Henneberg, Suhl 1876.

[5] Henning, E.: Die gefürstete Grafschaft Henneberg-Schleusingen im Zeitalter der Reformation, in: Mitteldeutsche Forschungen, Band 88, Köln 1981.

[6] Schaal, D.: Suhler Feuerwaffen, Berlin: Militärverlag der DDR 1981.

[7] Fischer, G.: Das Eisen – ein allgemeiner geschichtlicher Abriss unter besonderer Berücksichtigung der Entwicklung von Gewinnung und Verarbeitung im Raum Suhl-Schmalkalden, Tagungsmaterial der XXII. Härtereitechnischen Fachtagung der KDT vom 8. bis 10. November 1989, BV der KDT Suhl.

[8] Beck, L.: Die Geschichte des Eisens in technischer und kulturgeschichtlicher Beziehung, Band 1-5, Vieweg, Braunschweig: Vieweg 1884-1903.

[9] Johannsen, O.: Geschichte des Eisens, Düsseldorf: Verlag Stahleisen m. b. H. 1953.

[10] Mesenin, N. A.: Erzählungen über Eisen, Leipzig: VEB Deutscher Verlag für Grundstoffindustrie 1982.

[11] Krämer, W.; Fetzer, W.: Prospekt Waffenmuseum Suhl, 1987.

[12] Lietzmann, K.-D.; Schlegel, J.; Hensel, A.: Metallformung – Geschichte, Kunst, Technik; Leipzig: VEB Deutscher Verlag zur Grundstoffindustrie 1984.

[13] Hopf, G.; Müller, K. D.: Stadt Suhl, Brockhaus Stadtführer, Leipzig 1988.

[14] Werther, F.: Chronik der Stadt Suhl in der gefürsteten Graffschaft Henneberg, 2 Bd., Suhl 1847, Nachdruck Suhl: Verlag Buchhaus Suhl 1995.

[15] Arfmann, P.: Suhler Waffenkunst, Festschrift aus Anlass der 250. Wiederkehr des Geburtstages, Suhl: Johann Veit Döll 1998; Herausgegeben von Dieter Bruhn, Stadtverwaltung Suhl 2000.

[16] Arfmann, P.: Suhler Luxusgewehre, Suhl 2001.

[17] Manig, G.; Schellenberg, D.: 475 Jahre Suhl, Erfurt 2002.

[18] Mesch, H.: Diamanten in Thüringens Bergen, Zella-Mehlis 2006.

Internet:

[19] www.waffenmuseum.eu

[20] www.waffenmuseumsuhl.de/

[21] www.thueringen.info › ... › Thüringer Wald

Vita des Autors.

Name:	Dr. Wolfgang Piersig
Geburtstag:	12. Mai 1944
Geburtsort und Schulbesuch:	Lessingstadt Kamenz (Sachsen)
Wohnort:	Berg- und Adam-Ries-Stadt Annaberg-Buchholz
Persönliche Verhältnisse:	verheiratet seit 1965 mit Frau Stefanie-Konstanze, Lochner, zwei Töchter.
Abschlüsse:	Schlosser (1961), BKW Heide-Wiednitz; Dipl.-Ing. (FH) für Kohleveredlung (1964), Berg-Ingenieur-Schule Senftenberg; Dipl.-Ing. für Werkstofftechnik (1972), Promotion zum Doktor-Ingenieur (1979), Hochschulpädagogik Stufe I und II (1980), Technische Hochschule Karl-Marx-Stadt; Technikgeschichte (1987), Technische Universität Dresden;

Veröffentlichungen des Autors:

- *Adolf Martens – Erinnerungen an den Nestor der Materialprüfungen der Technik.*
  GRIN-Verlag; Archivnummer: V83903,
  ISBN (E-Book): 978-3-638-88760-1; ISBN (Buch): 978-3-638-90360-8.
- *Emil Heyn – Adam-Ries-Nachfahre, gewidmet dem Nestor zweier Technikwissenschaften Metallkunde und Metallographie.*
  GRIN-Verlag; Archivnummer: V84013,
  nur ISBN (E-Book): 978-3-638-87588-2.
- *Erinnerungen an den 170. Geburtstag von Alexandre Gustave Eiffel und Bau des Eiffelturms vor 115 Jahren.*
  GRIN-Verlag; Archivnummer: V83763,
  ISBN (E-Book): 978-3-638-88603-1; ISBN (Buch): 978-3-638-90513-8.
- *Vannoccio Biringuccio und die Pirotechnia – 525. Geburtstag des ersten Autors der Metallurgie.*
  GRIN-Verlag; Archivnummer: V83955,
  ISBN (E-Book): 978-3-638-88607-9; ISBN (Buch): 978-3-638-90372-1.
- *Ein Exkurs durch die bedeutendsten Weltausstellungen von 1851 bis 2005 für Fachleute, Interessierte und Laien.*
  GRIN-Verlag; Archivnummer: V83815,
  ISBN (E-Book): 978-3-638-88605-5; ISBN (Buch): 978-3-638-89274-2.
- *Die Palmenblattflechterei und das Castell de Capdepera auf Mallorca.*
  GRIN-Verlag; Archivnummer: V116704,
  ISBN (E-Book): 978-3-640-18703-4; ISBN (Buch): 978-3-640-18856-7.
- *ECM - Elektrochemische Metallbearbeitung und EC-Kombinationsverfahren - Ein Beitrag zur Technikgeschichte anlässlich des 85. Geburtstag von Herrn Prof. Dr. rer. nat. sc. techn. Hans Wicht.*
  GRIN-Verlag; Archivnummer: V117592,
  ISBN (E-Book): 978-3-640-19823-8; ISBN (Buch): 978-3-640-19833-7.

- *Emil Heyn. Nestor der Technikwissenschaften Metallkunde und Metallographie. Ein kurzer Auszug aus der Emil-Heyn-Chronik und Rückblick auf das am 6. und 7. Juli 2007, anlässlich des 140. Geburtstages von Emil Heyn, in der Berg- und Adam-Ries-Stadt Annaberg-Buchholz stattgefundene Emil-Heyn-Kolloquium.*
  GRIN-Verlag; Archivnummer: V120087,
  ISBN (E-Book): 978-3-640-23584-1; ISBN (Buch): 978-3-640-23588-9.
- *Henry Clifton Sorby – Begründer der klassischen Metallographie – Mit einem Abstract über die Herausbildung der Technikwissenschaft Metallographie, nebst Originalquellen, Schrifttumstipps, Literaturregister.*
  GRIN-Verlag; Archivnummer: V123320,
  ISBN (E-Book): ISBN: 978-3-640-27261-7; ISBN (Buch): ISBN: 978-3-640-27265-5.
- *Henry Bessemer und das Bessemern, mit einer Sammlung und Anlage von Veröffentlichungen darüber.*
  GRIN-Verlag; Archivnummer: V131002,
  ISBN (E-Book): 978-3-640-36415-2; ISBN (Buch): 978-3-640-36361-2.
- *Der Kristallpalast zu London, mit einer Vita zu Joseph Paxton, dem Architekten des Crystal Palace zu London, nebst einem Kurzbericht über die erste Weltausstellung London 1851. Beitrag zur Technikgeschichte. (1)*
  GRIN Verlag; Archivnummer: V132604,
  ISBN (E-Book): 978-3-640-38260-6; ISBN (Buch): 978-3-640-38312-2
- *Beitrag zur Entstehung und Entwicklung des Musicals.*
  GRIN Verlag; Archivnummer: V131395.
  ISBN (E-Book): 978-3-640-36639-2; ISBN (Buch): 978-3-640-36612-5.
- *Johann Bauschinger – Begründer der mechanisch-technischen Versuchsanstalten, mit dem Nachruf von Professor Adolf Martens und der Gedenkrede von Professor Friedrich Kick auf Professor Johann Bauschinger (1834-1893).*
  GRIN Verlag; Archivnummer: V132971,
  ISBN (E-Book): ISBN: 978-3-640-39292-6; ISBN (Buch): 978-3-640-39322-0.
- *Kompendium Papier – eine Chronologie mit einem umfangreichen Lexikon zu diesem alltäglichen Werkstoff.*
  GRIN Verlag; Archivnummer: V134334,
  ISBN E-Book): 978-3-640-40896-2; ISBN (Buch): 978-3-640-40940-2.
- *Der sächsische Lokomotivenkönig. Zum 200. Geburtstag des sächsischen Lokomotivenkönigs und Industriepioniers Richard Hartmann.*
  GRIN Verlag; Archivnummer: V137862,
  E-Book ISBN: 978-3-640-44585-1; ISBN (Buch): 978-3-640-44592-9.
  Mikroskop und Mikroskopie - Ein wichtiger Helfer auf vielen Gebieten mit Definitionen, Geschichte, Daten, Literatur.
  GRIN-Verlag; Archivnummer: V140522,
  ISBN (E-Book): 978-3-640-48209-2; ISBN (Buch): 978-3-640-48200-9.
- *Der Kristallpalast von London und sein Architekt Joseph Paxton. Der Glaspalast zu München.*
  Beiträge zur Technikgeschichte (1).
  GRIN-Verlag; Archivnummer: V141687,
  ISBN (E-Book): i. V.; ISBN (Buch): i. V.
- *Das Schmieden und die Schmiedekunst. Historisches zur Metallbearbeitung.*
  Beiträge zur Technikgeschichte (2).
  GRIN-Verlag; Archivnummer: V141883,
  ISBN (E-Book): i. V.; ISBN (Buch): i. V.

- *Geschmiedete blanke Waffen – Symbole der Macht, Kraft und Eleganz. Drahtherstellung.*
  Beiträge zur Technikgeschichte (3).
  GRIN-Verlag; Archivnummer: V141883,
  ISBN (E-Book): i. V.; ISBN (Buch): i. V.
- *Geschichtlicher Abriss zum Prägen von Metallmünzen.*
  Beiträge zur Technikgeschichte (4).
  GRIN-Verlag; Archivnummer: V141944,
  ISBN (E-Book): i. V.; ISBN (Buch): i. V.
- *Die sieben Metalle der Antike. Gold. Silber. Kupfer. Zinn. Blei. Eisen. Quecksilber.*
  Beiträge zur Technikgeschichte (5).
  GRIN-Verlag; Archivnummer: V141999,
  ISBN (E-Book): i. V.; ISBN (Buch): i. V.
- *Geschichtlicher Überblick zur Entwicklung von Bronzeglocken.*
  Beiträge zur Technikgeschichte (6).
  GRIN-Verlag; Archivnummer: V142071,
  ISBN (E-Book): i. V.; ISBN (Buch): i. V.
- *Aluminium - ein Metall mit kurzer Geschichte, aber mit großer Zukunft.*
  Beiträge zur Technikgeschichte (7).
  GRIN-Verlag; Archivnummer: V142299,
  ISBN (E-Book): i. V.; ISBN (Buch): i. V.
- *Henry Clifton Sorby - Adolf Martens - Emil Heyn.*
  Die Nestoren der Technikwissenschaft Metallographie.
  GRIN-Verlag; Archivnummer: V142300,
  ISBN (E-Book): i. V.; ISBN (Buch): i. V.
- *Geschichtlicher Überblick zur Entwicklung der Metallbearbeitung.*
  Beitrag zur Technikgeschichte (8).
  GRIN-Verlag; Archivnummer: V142312,
  ISBN (E-Book): i. V.; ISBN (Buch): i. V.
- *Erinnerungen an Alexandre Gustave Eiffel und den Bau des Eiffelturms vor 120 Jahren.*
  Beitrag zur Technikgeschichte (9).
  GRIN-Verlag; Archivnummer: V142399,
  ISBN (E-Book): i. V.; ISBN (Buch): i. V.
- *Überblick zur Entwicklung des Waffenhandwerks im Thüringer Wald.*
  Beitrag zur Technikgeschichte (10).
  GRIN-Verlag; Archivnummer: i. V.,
  ISBN (E-Book): i. V.; ISBN (Buch): i. V.
- *Ein geschichtlicher Überblick zum Eisen im Erzgebirge. Der Frohnauer Hammer –*
  570 Jahre Herrenhaus und 350 Jahre Eisenhammer.
  Beitrag zur Technikgeschichte (11).
  GRIN-Verlag; Archivnummer: i. V.,
  ISBN (E-Book): i. V.; ISBN (Buch): i. V.
- *Erinnerungen an den 170. Geburtstag von Alexandre Gustave Eiffel und der Bau des*
  Eiffelturms vor 115 Jahren.
  Collection deutscher Erzähler – Eine Anthologie neuer deutschsprachiger Autorinnen
  und Autoren, Band 3, Frankfurt/Main : R. G. Fischer Verlag 2004,
  ISBN: 3-8301-0633-5.
- *Emil Heyn – Nestor der Metallkunde und Metallographie.*
  Stahl und eisen 125 (2005) Nr. 6, 15. Juni 2005, S. 54/56.

- *Vannoccio Biringuccio und die Pirotechnia.*
  Stahl und eisen 126 (2006) Nr. 3, 15. März 2006, S. 96/98.
- *Gedenken zum 100. Todestag.*
  Adolf Ledebur – Theoria cum praxi.
  Stahl und eisen 126 (2006) Nr. 6, 19. Juni 2006, S. 104/106.
- *Annaberger Museumsnacht mit einem neuen Angebot.*
  Emil Heyn zu Gast bei Adam Ries.
  Stahl und eisen 126 (2006) Nr. 9, 15. September 2006, S. 98.
- *Adolf Martens.*
  Erinnerungen an den Nestor aller Materialprüfungen der Technik.
  Stahl und eisen 127 (2007) Nr. 3, 15. März 2007, S. 112/114.
- *Reminiszenzen an den Baubeginn des Eiffelturms vor 120 Jahren.*
  Stahl und eisen 127 (2007) Nr. 11, 7. November 2007, S. 170/174.
- *Zum 110. Todestag von Henry Bessemer.*
  Henry Bessemer und sein Stahlgewinnungsverfahren.
  Stahl und eisen 128 (2008) Nr. 3, 17. März 2008, S. 118/120.
- *100. Todestag von Henry Clifton Sorby.*
  Henry Clifton Sorby gilt als Begründer der Metallographie.
  Stahl und eisen 128 (2008) Nr. 6, 16. Juni 2008, S. 104/106.
- *175. Geburtstag von Johann Bauschinger – Begründer der mechanisch-technischen*
  Versuchsanstalten.
  Stahl und eisen 129 (2009) Nr. 6, 16. Juni 2009, S. 100/102.
- *Zum 200. Geburtstag des sächsischen Lokomotivenkönigs und Industriepioniers*
  Richard Hartmann (1809-1878).
  Stahl und eisen 129 (2009) Nr. 11, November 2009, S. 129/131.

Annaberg-Buchholz im Dezember 2009.

Abstract.

Im Mittelpunkt dieses Buches steht der Überblick zur Entwicklung des Waffenhandwerks im Thüringer Wald, wo in den Büchsenmacherwerkstätten Thüringens weit über 650 Jahre Gewehre fein bearbeitet und montiert werden. Zu erfahren ist ebenso, daß die Produktionsstandorte der Metallverarbeitung von mindestens folgenden Voraussetzungen bestimmt waren, die alle an einem Ort beziehungsweise in einem eng begrenzten Territorium zu Verfügung stehen mussten, nämlich: Bergwerke, aus denen das Erz gefördert wurde; Holz, Holzkohle bzw. Stein- oder Braunkohle für die Schmelzöfen, mit deren Hilfe das Metall aus dem Erz geschmolzen werden konnte; Wasserkraft, mit deren Hilfe die Schmieden und Maschinen angetrieben werden konnten, die den Stahl in die gewünschte Form brachten; Meister sowie Fachkräfte, die über genügend Erfahrung verfügen mussten, um die Produktion in ausreichender Qualität zu garantieren wie auch eine ausgebaute Infrastruktur, wie Wasserwege oder gut befestigte Landstraßen, auf denen die Produkte sicher an den Empfänger transportiert werden konnten. Vermittelt wird dem Leser daneben auch, daß diese Voraussetzungen sich in hervorragender Weise im Thüringer Wald fanden. Und, daß die in Suhl, Schmalkalden, Zella-Mehlis, Schleusingen, Ilmenau tätigen Büchsenmacher zu den wichtigsten Waffenschmieden des Thüringer Waldes zählten. Genannt wird auch, daß aufgrund der langen Tradition der Waffenherstellung sich die Stadt Suhl seit 2005 offiziell als „Waffenstadt Suhl" bezeichnet. Und demjenigen, der erfahren möchte, unter welchen Bedingungen über sechs Jahrhunderte im Thüringischen im Waffenhandwerk gearbeitet wurde, wird benannt, daß diese Einblicke im Waffenmuseum Suhl möglich sind, welches seit dem Jahre 2008 eine völlig neu gestaltete Ausstellung besitzt, die mit ihren zahlreichen Prunk-, Jagd-, Sport- und Militärwaffen einen Überblick über die Geschichte des wichtigsten Handwerks der Stadt erlaubt.